Olivier-Hourcade

(Olivier-Bag)

La tendance de la peinture contemporaine

REPRODUCTIONS DE PEINTURES

(hors texte)

Revue de France
et des pays français
328, Rue Saint-Jacques, Paris

Port (A. Lhote)

Olivier-Hourcade
(Olivier-Bag)

La Tendance de la Peinture Contemporaine

AVEC REPRODUCTIONS DE PEINTURES

Revue de France
et des pays français
328, Rue Saint-Jacques, Paris

DU MÊME AUTEUR :

Des Ombres tremblantes — poèmes — 1909
préface de André Lafon
6 aquarelles et dessins de Pierre Madrières
quelques exemplaires à **5** francs

Petits Poèmes .... (épuisé)

Préface au Salon d'Automne de Bordeaux 1911 .... (épuisé)

Sous Presse

(en souscription à la *Revue de France*)

Chansons du pays de Gascogne et de Béarn — poèmes **3.50**

Qu'est-ce que le Cubisme? (avec nombreuses reproductions de peinture).... **3.50**

Anthologie des poètes catholiques contemporains (préface de Francis Jammes) . **3.50**

A Camille Mauclair
sympathiquement
ces simples notes.

MESDAMES, MESSIEURS [1],

Je n'ai pas la folle intention de vous dire des choses transcendantales et nouvelles. Mais puisque l'art, déjà proscrit des salons officiels, n'est cependant pas encore interdit en France par la loi, je profite de cette

(1) *Notes pour une Causerie à la galerie d'Art contemporain.*

brève éclaircie pour bavarder avec vous sur un thème qui m'est cher : la Peinture contemporaine. Et le but que je me propose aujourd'hui, c'est d'essayer de ramener autour de la pensée que je me fais de la *tendance* principale de la Peinture contemporaine — entendez : de la Peinture d'avant-garde — les idées éparses que vous possédez tous en vous sur ce sujet.

— Des critiques éminents veulent considérer les novateurs comme des fantaisistes. Ils me font songer à ces botanistes d'occasion qui n'admettent pour belles que les plantes cataloguées et primées à la dernière exposition du Petit Palais. La plupart de ces critiques n'ont jamais vu les tableaux dont ils rient et ne veulent pas aller les voir. Aussi leurs chroniques sont-elles le plus souvent pimpantes, piquantes, mais vides. Je voudrais vous montrer que ces « peintres fantaisistes » sont avant tout des travailleurs sérieux, et chercheurs ou plutôt que *la tendance qui guide le labeur de chacun est d'essayer de rendre la* VÉRITÉ *essentielle de ce qu'ils veulent représenter* et non plus seulement *l'aspect extérieur et passager* de cette vérité.

Je vais pour développer cette proposition, prendre pour exemple trois peintres gascons dont l'œuvre m'est familière et qui exposent dans cette galerie : Tobeen, qui représentera les fauves, Gleizes, qui représentera les cubistes et Lhote qui représentera le groupe curieux (dont Véra, Marchand, Dufils, la Fresnaye et Duchamp sont les autres illustrations et) qui semble intermédiaire entre les *cubistes* et ceux que l'on pourrait appeler les *linéaires* : Tobeen, Girieud et les autres peintres que j'aime, mais que le devoir d'être bref m'empêche de nommer et de louer selon leurs mérites.

Je ne disputerai pas si les œuvres dont je vais vous entretenir sont belles ou grotesques. Dans la *Critique du Jugement*, Kant écrivit fort justement : « Le principe du jugement du goût que nous nommons esthétique ne peut être que subjectif » il change cent fois avec cent individus, mille fois avec mille. Discuter donc sur la Beauté d'un tableau (comme d'une symphonie) est chose vaine. Mais la Beauté s'impose à l'homme averti. Il faut admettre que nos bourgeois sont trop habitués à la médiocrité officielle des boîtes à rapins du Gouvernement de la République, pour ne pas avoir au premier abord un mouvement de surprise devant une peinture d'avant-garde, devant une œuvre d'art contemporain. Combien de fois l'a-t-on dit : L'art est une sorte de révolte (ou de réaction, comme vous voudrez). Tous les grands artistes furent de grands révoltés contre les principes banaux de leur époque : Rembrandt, Delacroix. On a trop perdu de vue jusqu'à ces dernières années qu'il était néfaste de suivre les désirs de la mode et de la foule. Schopenhauer enseignait : « La foule est faite pour obéir aux lois et non pour les dicter. » Il appartient à chaque artiste de dicter les lois de l'esthétique par ses œuvres.

Que l'on ne pose pas des règles à suivre ! et que l'on ne dise pas : « Hors de l'Esthétique de Cormon il n'y a point de salut ! » L'art a existé avant l'esthétique, dont le rôle n'est pas de créer des peintres, mais d'expliquer leur art.

Dans cette exposition (qui réunit les meilleurs éléments de la Jeune Peinture), de chaque artiste se dégage une esthétique

Nature Morte (Albert Gleizes)

différente. Les unes et les autres sont aussi logiques.

C'est une phrase de Remy de Gourmont qu'elles devraient toutes porter en épigraphe : « Tout ce que je pense est réel. La seule réalité, c'est la pensée. L'extérieur est relatif. Tout est transitoire hormis la pensée. »

Oui, voilà bien le point commun du rêve d'art de ces créateurs fervents, voilà la tendance qui les guide :

« L'apparence extérieure des choses est transitoire, fugitive et RELATIVE. Il faudra donc rechercher LA VÉRITÉ et ne plus sacrifier aux effets jolis de perspective ou de pénombre dégradés à la Carrière. Il faudra rechercher la *vérité* et ne plus sacrifier aux banales illusions d'optique.

II

Donc l'art est libre ! pourvu qu'il rende plus plastiquement la vérité.

Et peut-être a-t-on trop bramé dans les gazettes : que nous vivons dans une époque d'anarchie. L'effort actuel est loin d'être anarchique en sa diversité. C'est au contraire, semble-t-il, un retour... aux saines traditions.

Fauves et cubistes ne sont pas des révolutionnaires, ce sont des réactionnaires. « Ce sont des classiques », déclare avec moi le substitut Granié.

C'était leur pensée, leur foi, que nos peintres du XIIIe siècle voulaient rendre et leur intuition, leur ferveur donnaient des fresques plus belles que celles que pourraient donner l'œil et la main exercés de nos prix de Rome et de leurs maîtres. Jadis, en effet, le peintre demandait à son pinceau de dire sa croyance, puis le livre est venu resserrer le domaine du peintre et l'invention du siccatif pour l'huile et la vulgarisation des moyens de dessiner et de peindre menèrent droit à la décadence. Car, et j'appuie mes dires sur l'opinion d'un homme pour qui j'ai une estime personnelle et qui n'est pas toujours tendre pour les novateurs, M. Camille Mauclair : « Depuis le xve siècle... le domaine de la peinture s'est rétréci singulièrement. Elle était avant l'invention de l'imprimerie, l'art le plus capable, avec l'architecture qu'elle vivifiait, de présenter à la foule de grandes synthèses d'idées générales. *La fresque était un livre de couleurs comme la cathédrale était un livre de pierre.* Le poème, le conte ou le traité, manuscrits, étaient d'une diffusion infiniment moindre. L'imprimerie fit brusquement de la littérature un véhicule d'idées beaucoup plus maniable, accessible et rapide ; et au moment même où naissait le livre, le tableau, portatif comme lui, était créé, s'isolait de la fresque et devenait un objet d'ornementation. Plus tard, la peinture perdit encore un monopole important d'idées et d'émotions lorsque la musique chorale, puis orchestrale, apparut et devint une sorte de fresque abstraite.

» Ainsi peu à peu toutes les grandes pensées et les hautes émotions qui avaient été, durant plusieurs siècles, uniquement exprimées par les peintres, furent dites par le livre et par la musique. La peinture perdit sa mission idéologique après avoir perdu sa mission mystique, elle devint le plaisir des yeux et le luxe des riches, *elle quitta l'idée pour condescendre à l'anecdote, elle orna là où elle faisait méditer, elle brilla par ses moyens à mesure que son but devenait moins altier et que les grands courants intellectuels se détournaient d'elle.*

» Voilà pourquoi tout peintre actuel, s'il ose « penser », a peur de devenir un « littéraire ». Pourtant, privée de la fresque héroïque et réduite au tableau, la peinture peut enfermer dans un panneau grand comme un livre autant de suggestions que ce livre lui-même. Puisque, jadis vaste révélation publique, elle est diminuée jusqu'à n'être plus qu'un conseil familier, à parler bas dans des intérieurs après avoir proclamé ses hymnes lyriques sur d'immenses murailles, face au ciel, il pouvait lui rester à dire ce que la musique et le livre ne peuvent pas dire, émouvoir en marge de leurs émotions, et se refaire ainsi une utilité et une beauté, tout en étant un objet d'ornementation entre le bibelot et la tenture. »

Mais songe-t-on même que la peinture peut avoir un but architectural? Le principe de la ligne, de l'armature linéaire d'une peinture, s'est effacé des esprits avec le principe de la fresque. La ligne est niée et cachée sous la couleur. Et ainsi de plus en plus suivant une loi de progression depuis Domenico Veneziano jusqu'à Carrière et les impressionnistes.

Une réaction s'imposait, j'en vois dans Tobeen le plus ferme représentant.

Les anciens peintres italiens, Fra Angelico, lui-même, se servaient de la peinture (à la colle ou à l'œuf) sur panneaux de bois sec ou a *bueno fresco* sur murs de chaux humide.

La difficulté d'un tel métier est la rapidité avec laquelle il faut peindre, car la peinture à la fresque sèche vite et l'on ne peut pas savoir en exécutant, les tons définitifs que l'on fixe.

La lutte avec la matière voilà aussi l'attrait de cette technique qu'a adoptée Tobeen.

Elle nécessite une acuité de vision extraordinaire. Il faut que dans le cerveau de l'artiste qui va peindre, le tableau apparaisse complètement établi.

Il faut aussi que chaque objet et le paysage même soit puissamment simplifié. Le métier même conduit donc Tobeen à rechercher le caractère essen-

Le Repos

tiel, *la vérité essentielle* du pays qu'il veut peindre.

Tobeen est basque. Avec la ferveur d'un primitif il veut dire son terroir. Vous regardez tout à l'heure ces fresques: *Les fauches* et *Repos*. Elles chantent des airs patois et basques. Ce sol rose est fait de l'union dans l'âme du peintre des mille lumières, qui éclairent la terre basque et garde en lui la teinte dominante du sable rose de Cibourre.

A ce propos une anecdote pour montrer la méticuleuse conscience artistique de ce peintre. Il a rapporté de ce que nous appelons « le Pays » il a rapporté du Pays un peu de terre ; quand il a préparé son rose il met un peu de cette terre dans un godet, la délaie et compare et retravaille son rose jusqu'à ce que les couleurs des deux godets soient identiques. Et il n'est pas rare (ce geste n'est-il pas digne de nos grands primitifs?) et il n'est pas rare de trouver sur la toile un coin de fresque rose peint avec la terre du Pays.

Dans ces fresques la ligne a un très grand rôle. Réaction contre le brouillard, l'indécision impressionniste. La forme des personnages est fortement écrite. La grâce ou la rusticité des mains est donnée par un contour extrêmement sobre. Les physionomies d'hommes ne sont composées que de quelques traits essentiels. Et ceci ne montre ni sécheresse, ni impuissance car ces paysans représentés n'ont point l'air de modèles quelconques, à cinq francs la pose : ce sont de vrais basques. Et c'est l'intérêt même de cette œuvre : nous n'avons pas en face de nous des paysans quelconques de 1911, nous avons la race, le paysan qui fut toujours et dont le dialecte ne cédera pas devant la langue française. Le corps même du faucheur qui boit à la gourde d'isard n'est pas quelconque.

Un homme un peu versé en anatomie y découvrirait le caractère de la race basque.

Je me résume : la tendance principale qui semble se dégager de l'œuvre de Tobeen, c'est la recherche de la vérité profonde. Faisant fi du décor banal pour touristes et collectionneurs de cartes postales : il prend dans le pays de Saint-Jean de Luz et de Cibourre, ce qu'il y a d'essentiel et de plastique.

C'est pour cela que je crois à la durée de l'œuvre presque naissante de Tobeen. Il n'est pas d'exemple qu'une œuvre vraiment humaine soit morte. Les peintres qui se sont préoccupés de peindre seulement des effets fugitifs, des procès-verbaux de la nature, comme disait Zola, qui n'était pas toujours une bête, passeront pour la plupart. Le déchet de l'époque impressionniste sera formidable, car les impressionnistes n'ont pas recherché la vérité, mais une parcelle, un aspect de la vérité.

C'est un semblable souci d'être vrai qui me plaît chez les cubistes. Aussi bien, chez les premiers, chez Le Fauconnier, qui me donne l'impression de force d'un Michel-Ange et que je voudrais voir traiter de larges compositions ! *La Foule* ou *la Faim*. (Voyez l'esquisse *extraordinaire de puissance* qu'il offre ici même dans la salle réservée aux cubistes.) — C'est un semblable souci d'être VRAI au sens profond du mot qui me plaît, disais-je, aussi bien chez les premiers cubistes, comme Le Fauconnier, Gleizes, Metzinger, Léger que chez les nouveaux convertis.

Que l'on m'excuse de dire à tout bout de champ les mots *vérité* et *vrai* qui choquent ceux qu'une tradition qui a grandi avec la décadence de la peinture illusionne encore à ce point qu'ils croient que le rôle du peintre est de reproduire fidèlement un coin de nature ; fidèlement, c'est-à-dire à la façon d'un appareil photographique. Ils sentent bien que l'aspect de la vérité est multiple et leur désir est de comparer entre elles diverses reproductions de ces aspects. Ils veulent que leur jouissance devant un tableau soit la même que devant un paysage naturel. Et ils s'étonnent de sentir une différence. C'est que la nature c'est la vie et l'on ne pourra rendre cette vie qu'en la déformant.

Prenons une toile de Lhote, (je parle du Lhote actuel) et comparons à ce tableau la photographie du lieu qu'il a voulu représenter. La déformation est flagrante, et cependant (je m'en porte garant pour un souvenir personnel que je vais vous dire) le caractère essentiel du modèle est conservé.

J'ai rencontré le mois dernier, plusieurs fois à Bordeaux, Lhote, et il me montra des études de paysages qu'il venait de faire et des esquisses du port de Bordeaux qu'il veut interpréter de nouveau avec une sincérité plus grave. Or, une dizaine de jours avant de venir à Paris, je fis un petit voyage dans le Lot-et-Garonne et la Dordogne et je fus frappé du rapport curieux qui existait entre les paysages de Lhôte et cette nature gasconne. Rentré à Bordeaux, je fus chez le peintre et au cours de notre conversation je lui dis : « J'ai vu les modèles de vos paysages. — Et où? — Entre Eymet et Bergerac. » Je ne m'étais point trompé et je ne suis point cependant un Œdipe.

Aussi lorsque M. René Blum, qui est un critique d'art de grand talent, écrit que « cédant devant l'invasion des procédés mécaniques, nos arts plastiques ne peuvent plus se contraindre à n'être que l'interprétation fidèle de la nature », je ne suis

Lot-et-Garonne A. Lhote

point du tout de son avis s'il veut dire que l'artiste ne doit être qu'un fantaisiste. Rien n'est moins fantaisiste qu'une fresque de Tobeen, qu'un paysage de Lhôte, qu'une nature morte de Gleizes, que l'*Abondance* de Le Fauconnier.

Les arts plastiques tendent vers l'*interprétation vraie*, vers l'*interprétation sensible* de la nature.

Et M. René Blum tombe dans l'erreur commune lorsqu'il dit que la photographie donnera désormais l'expression de notre vie sociale.

Ce n'est point la photographie qui est le dernier perfectionnement de l'Ecole des Beaux-Arts, ni les toiles ingénieusement exactes en leurs mille détails de M. Cormon. Ce n'est pas cela qui donnera le reflet de la vie sociale.

C'est le cinématographe en couleurs.

Mais le cinématographe ne fut, n'est pas encore, même officiellement, de l'art plastique.

Nos arts *plastiques* doivent être une condensation de ce que nous voyons, une stylisation ; par là *ils peuvent être les meilleurs et les plus fidèles interprètes de la nature*. Ils doivent être à la peinture des Pompiers et au cinéma ce qu'est au cinéma et à la sculpture officielle la statuaire des Grecs primitifs, de Rude ou du grand Rodin : Une fixation de la vie déformée sans doute un peu, mais fixation de la vérité de la vie par cette déformation même. *Plus qu'un banal cliché ou qu'une toile impressionniste, les fresques de Tobeen et les toiles de Lhote et celles de Gleizes disent leurs modèles, car ils en donnent non plus l'aspect passager, mais le caractère immuable.*

Je ne voudrais point avoir l'air de refaire maintenant une causerie sur *le cubisme,* après la brillante conférence de Guillaume Apollinaire.

Vous connaissez tous, sans doute, la phrase de Schopenhauer résumant l'idéalisme de Kant : « Le plus grand service que Kant ait rendu, c'est sa distinction entre le phénomène et la chose en soi, entre ce qui paraît et ce qui est ; et il a montré qu'entre la chose et nous, il y a toujours l'intelligence. »

Le peintre sait donc fort bien lorsqu'il a à dessiner une tasse ronde, que l'ouverture de la tasse est un cercle. Lorsqu'il dessine donc une ellipse, il n'est pas sincère, il fait une concession aux mensonges de l'optique et de la perspective, il fait un mensonge volontaire. Gleizes essaiera au contraire, de montrer les choses sous leur vérité sensible.

Comment ? Que dites-vous ? Que c'est vieux comme le monde, ce procédé. Je le sais fort bien.

Si Gleizes, et je pourrais dire aussi bien cela de Lhote, avait à rendre un livre présenté horizontalement, il en montrerait le dos. Mais pour être VRAI, il montrerait aussi une face de la couverture et un côté de la tête du livre. Il nous le représenterait sous ses trois dimensions longueur, hauteur, largeur, comme sur les frontons des temples protestants sont représentées les Bibles, comme sont représentées dans les églises les tables de la loi, les tables de Moïse.

Et voilà au fond, simplifié à l'excès, ce que c'est que le cubisme qui désire exprimer la vérité des choses.

Pour tout dire, l'intérêt des toiles cubistes ne réside pas seulement dans la présentation des objets principaux, mais dans le dynamisme qui se dégage de la composition des toiles, *dynamisme* bizarre, inquiétant, mais strictement exact. Je proposerai même que le titre trop faux de cubisme que l'on donne à l'école de ces peintres soit remplacé par celui plus juste de dynamisme. L'intérêt de ces œuvres, en effet, c'est la matérialisation des forces qui se combinent des choses et des êtres, c'est la réalisation de la vie dans sa vérité.

Mais il faut nous taire.

Les causeries les plus courtes sont les meilleures.

Vous le voyez, j'ai tenu ma promesse, je ne vous ai rien enseigné de transcendant ou de nouveau et me suis borné à dire en somme, en l'appuyant sur quelques exemples, que la *ten-*

dance principale de la Peinture contemporaine (mis à part les bons décorateurs, Dumont, Picabia, Le Beau) était un désir de retrouver la sincérité et la vérité des primitifs. La Peinture a été depuis l'étouffement des gothiques dans un sens de décadence progressive. Il y a eu des cas exceptionnels : Rembrandt. Mais aux Rembrandts succédaient immédiatement les Boucher. Nous assistons actuellement à une période de Renaissance des arts Plastiques dont les précurseurs sont Delacroix et Rodin. J'ai foi en cette Renaissance d'un art qui délaissant le superficiel et le pastiche essaie de montrer de façon originale les vérités profondes d'une race, d'un pays ou plus généralement de la matière.

Fauves ou cubistes ont droit à notre estime et à notre désir de les mieux connaître et de les aider, parce qu'ils ramènent l'art français à la sincérité et à la vérité.

LA REVUE DE FRANCE
et des pays français

s'intéresse à toutes les manifestations d'art français. Elle s'est assuré la collaboration régulière des hommes les plus éminents de ce temps parmi les Maîtres et les Jeunes.

A côté de ses expositions, conférences et festivals, la *Revue de France* organise la publication des cahiers régionalistes suivants :

Les Marches du Nord
Les Marches de l'Ouest
Les Marches du Sud-Ouest (2e année)
Les Marches du Sud-Est (4e année)
La Revue du Sud (2e année)

Les Directeurs,
Olivier-Hourcade
et Carlos Larronde

Le Secrétaire général,
Fr. Dufour

www.ingramcontent.com/pod-product-compliance
Ingram Content Group UK Ltd.
Pitfield, Milton Keynes, MK11 3LW, UK
UKHW022001260726
13994UKWH00004B/1883

9 782329 334493